Projeto **Ápis**

ÁPIS DIVERTIDO

MATEMÁTICA

◗ ESTE MATERIAL PODERÁ SER DESTACADO E USADO PARA AUXILIAR O ESTUDO DE ALGUNS ASSUNTOS VISTOS NO LIVRO.

1º ANO

Ensino Fundamental

NOME: _____ TURMA: _____

ESCOLA: _____

editora ática

CB026032

FORMANDO GRUPOS (PÁGINA 31)

A

B

C

JOGO DE TRILHA (PÁGINA 39)

Ilustrações: Estúdio 22/Arquivo da editora

LEGENDA:

———————— DOBRE

———————— COLE

MONTADO:

LEGENDA:

———————— DOBRE

———————— COLE

MONTADO:

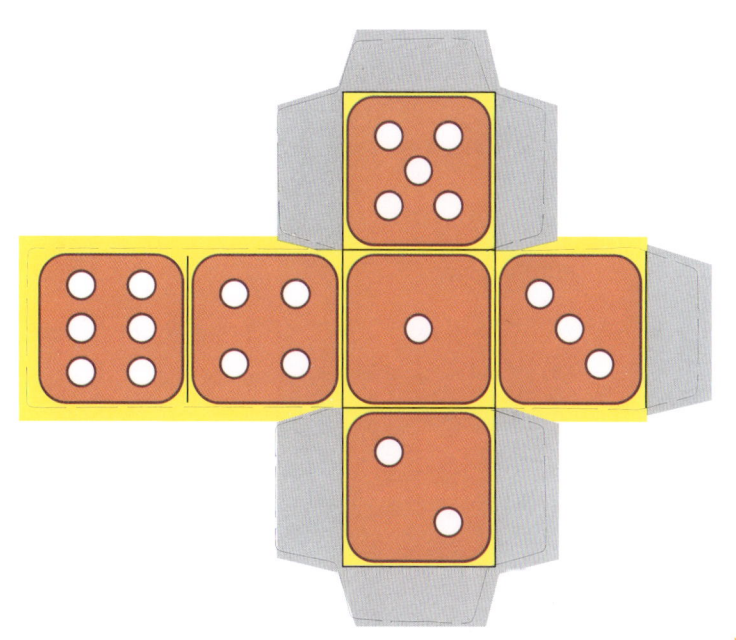

JOGO DE TRILHA (PÁGINA 39)

INSTRUÇÕES

COM A AJUDA DE UM ADULTO, DESTAQUE O DADO E OS PEÕES DA PÁGINA 5 DO **ÁPIS DIVERTIDO** E MONTE-OS. EM SEGUIDA, DESTAQUE AS 2 PARTES DA TRILHA E COLE-AS EM UM PAPELÃO, UNINDO-AS PELO CENTRO.

QUANTIDADE DE JOGADORES

2, 3 OU 4 JOGADORES.

MODO DE JOGAR

USE O DADO E OS PEÕES QUE VOCÊ MONTOU.

NA SUA VEZ DE JOGAR, LANCE O DADO E AVANCE, NA TRILHA DA PISCINA, A QUANTIDADE DE CASAS QUE O DADO INDICAR. OS PRÓXIMOS JOGADORES FAZEM O MESMO.

SIGA ALGUMAS REGRAS:

- **NADE DUAS CASAS PARA A FRENTE** SEMPRE QUE PARAR EM UMA CASA DA TRILHA QUE TENHA .

- **NADE UMA CASA PARA A FRENTE** QUANDO PARAR EM UMA CASA QUE TENHA .

- **NADE UMA CASA PARA TRÁS** SE PARAR EM UMA CASA QUE TENHA .

VENCE A PARTIDA O JOGADOR QUE ALCANÇAR PRIMEIRO A CHEGADA.

MEDIDA DE INTERVALO DE TEMPO (PÁGINA 69)

• FURE

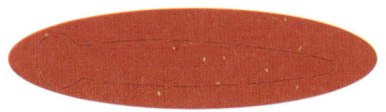

BARRINHAS COLORIDAS (PÁGINA 77)

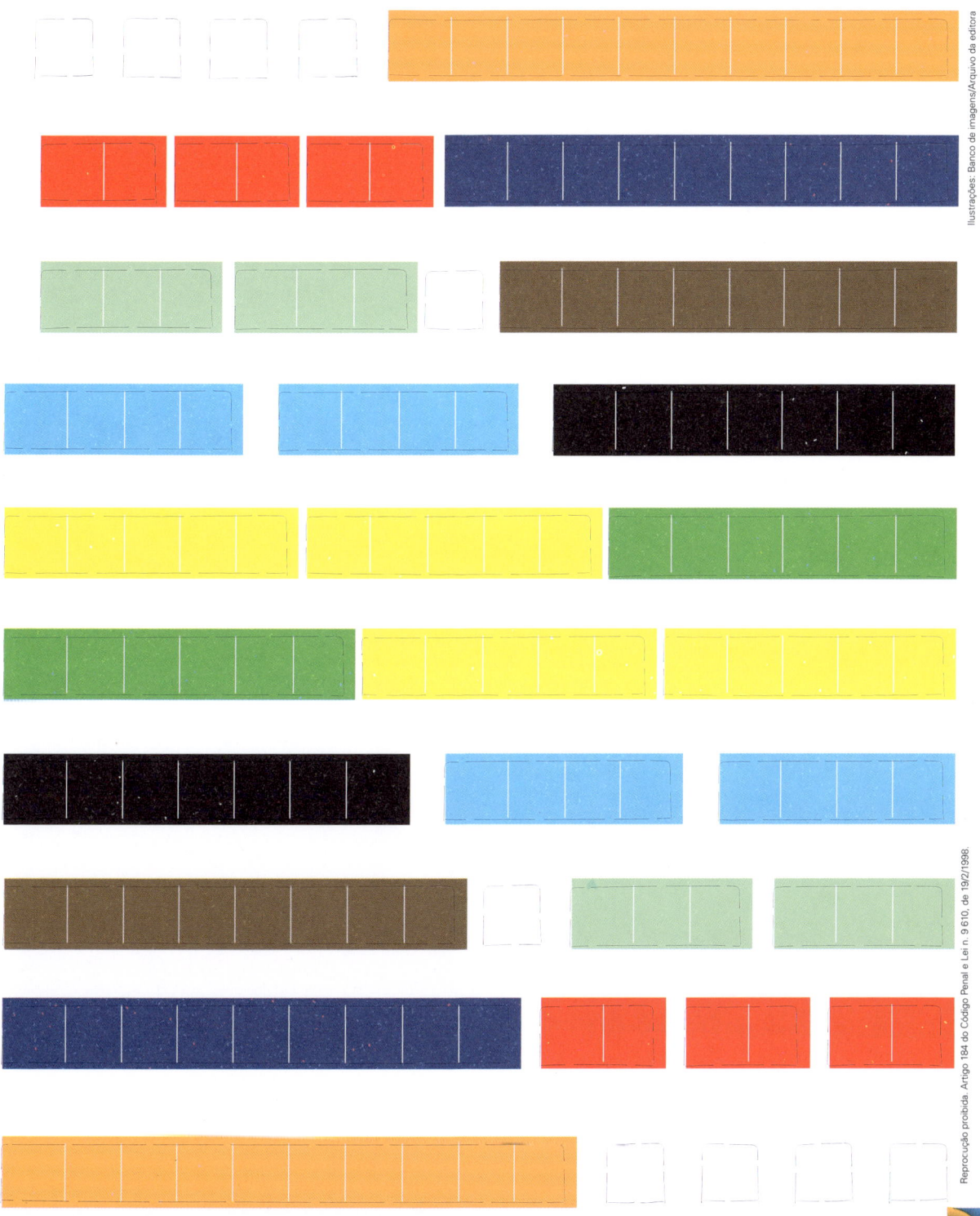

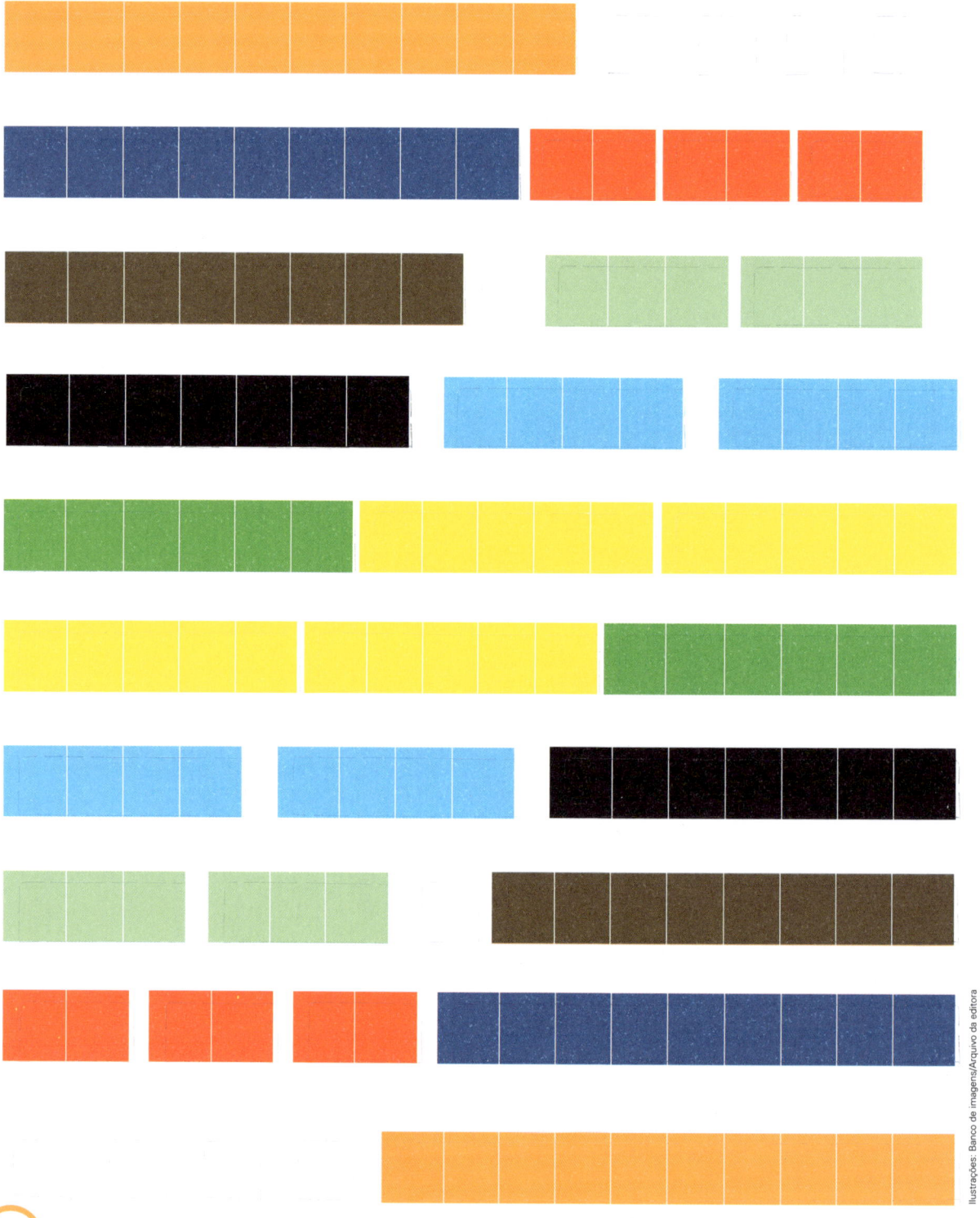

 CATORZE OU QUATORZE

ENVELOPE PARA AS BARRINHAS COLORIDAS (PÁGINA 77)

GUARDE AQUI SUAS BARRINHAS COLORIDAS E ESCREVA SEU NOME.

NOME: _____

_____ DOBRE

▬▬▬▬ COLE

MONTADO:

O ÁLBUM DE BETO (PÁGINA 88)

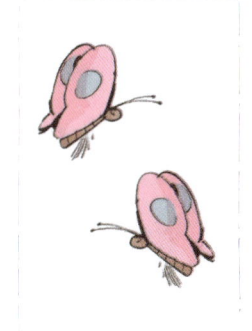

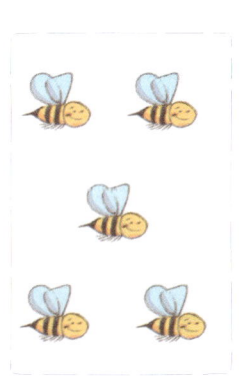

FIGURAS (PÁGINA 101)

BOLA DE TÊNIS.

BRINQUEDO.

CAIXA DE MADEIRA.

SÓLIDO GEOMÉTRICO (PÁGINA 102)

MONTADO:

————— DOBRE

━━━━━ COLE

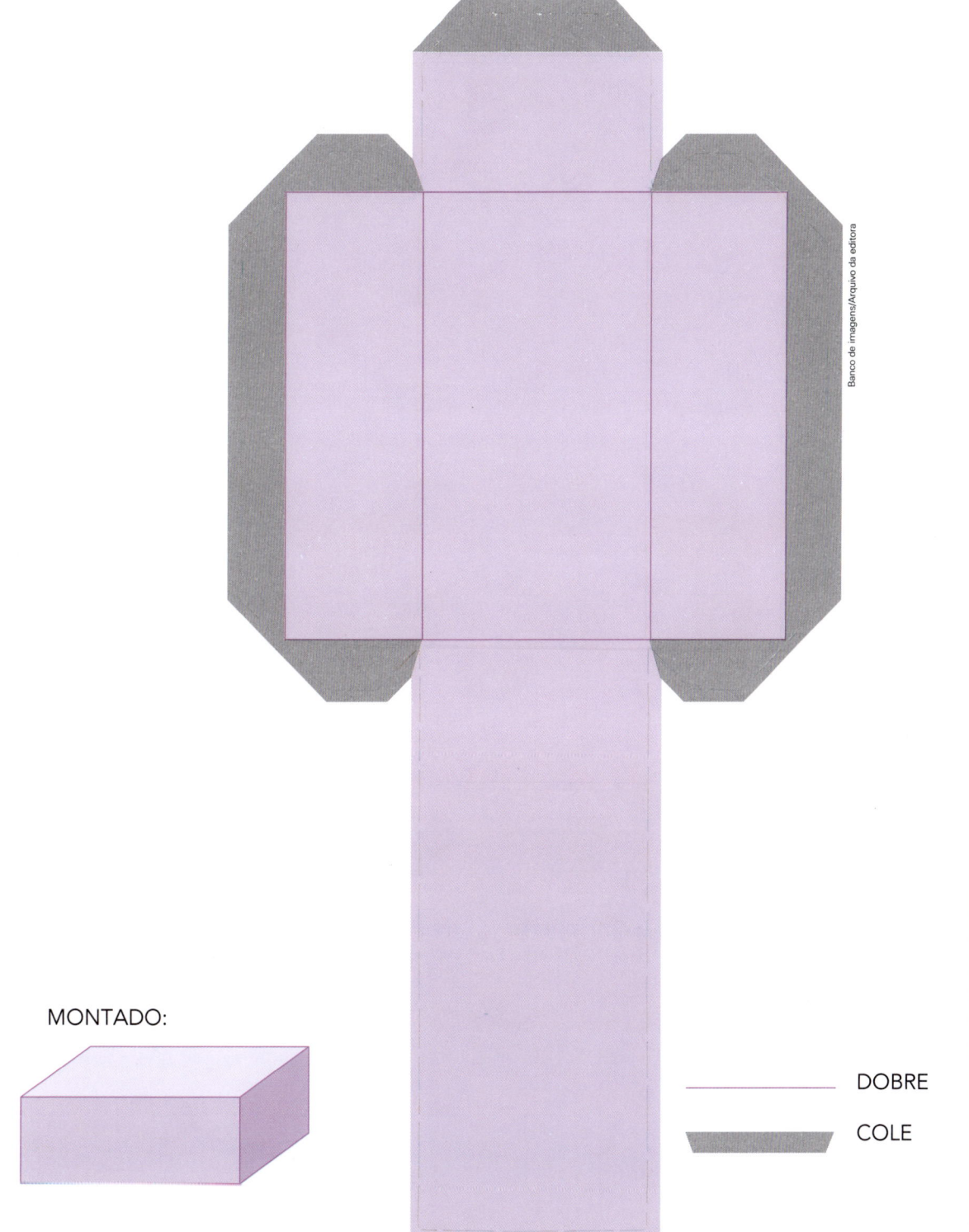

MONTADO:

_____ DOBRE

▬▬▬▬▬ COLE

Banco de imagens/Arquivo da editora

DESAFIO (PÁGINA 105)

PLACAS DE TRÂNSITO E FIGURAS GEOMÉTRICAS PLANAS (PÁGINA 109)

TANGRAM (PÁGINA 114)

PEIXINHOS (PÁGINA 116)

NOSSO DINHEIRO (PÁGINA 125)

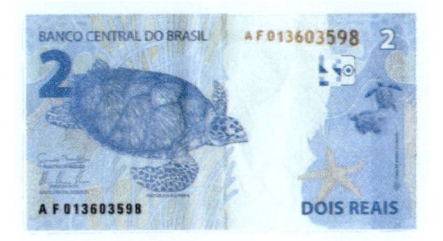

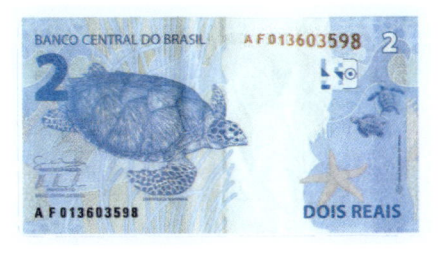
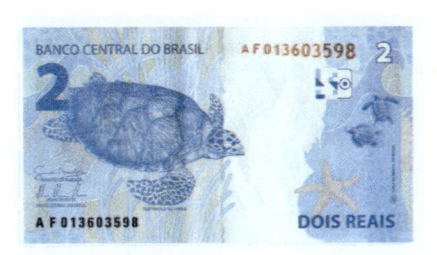

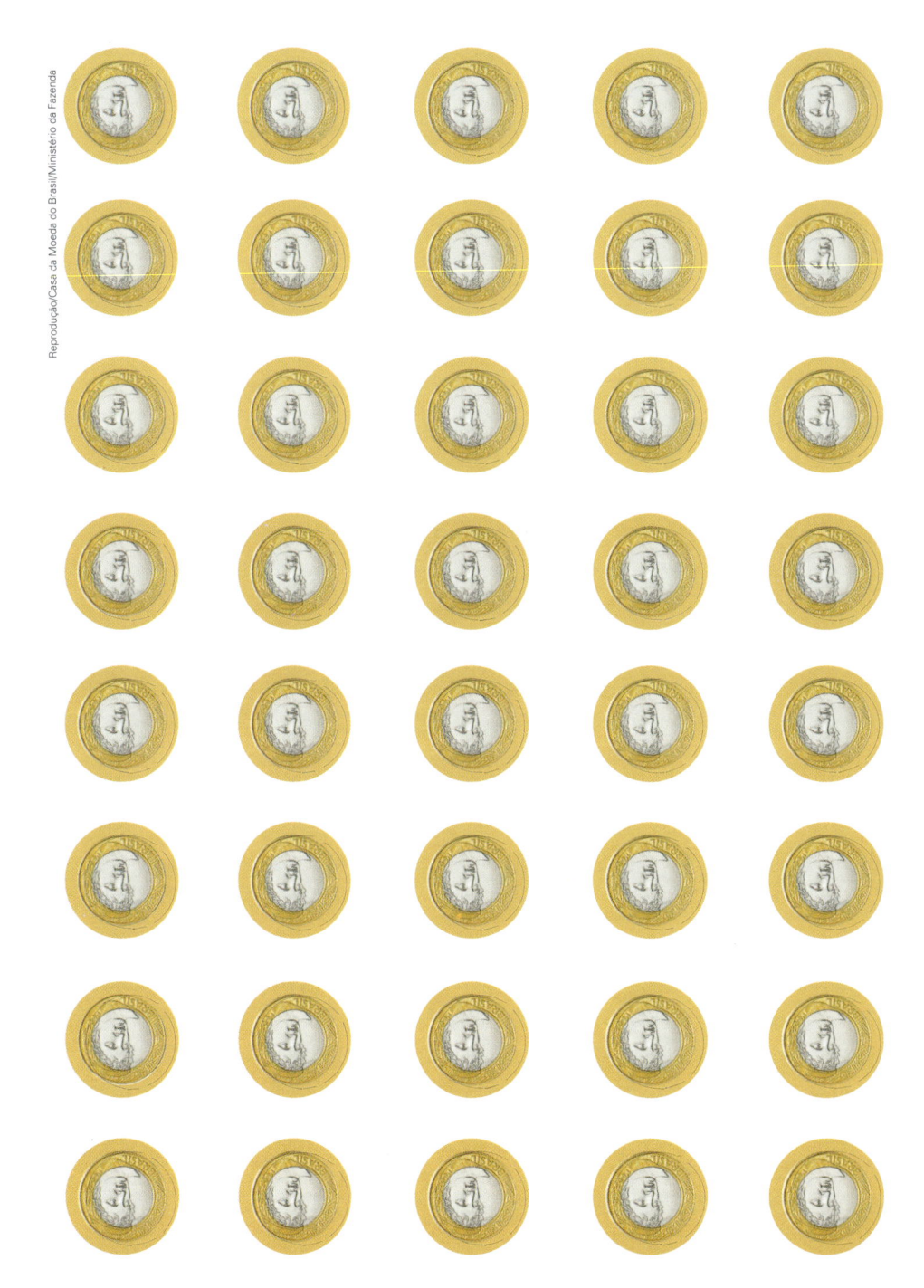

ENVELOPE PARA O NOSSO DINHEIRO (PÁGINA 125)

GUARDE AQUI O NOSSO DINHEIRO E ESCREVA SEU NOME.

NOME: _____

_____ DOBRE

COLE

MONTADO:

USANDO O DINHEIRO (PÁGINA 153)

MATERIAL DOURADO (PÁGINA 209)

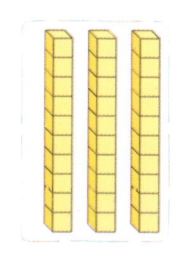
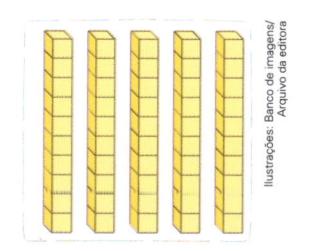